U0225559

ENTERTAINING CHEMISTRY

少儿彩绘版

趣味化学

揭秘化学实验

〔法〕让-亨利·卡西米尔·法布尔◎著 刘 畅◎译

中国妇女出版社

作者简介

让-亨利·卡西米尔·法布尔（1823~1915）

法布尔是法国著名的昆虫学家、博物学家，被誉为"昆虫界的荷马"。他出生在法国南部靠近地中海的一个小镇。

童年时代，法布尔在乡间的祖父母家度过。在那里，他发现了大自然的无穷魅力，被蝴蝶和萤火虫所吸引，展现出天赋的观察力。尽管法布尔幼时生活艰苦，因父亲生意失败被迫辍学，但他仍然坚持自学，先后取得了文学、数学、物理学和其他自然科学的学士学位，并在1855年取得科学博士学位。

经济拮据的窘境一直困扰着这位满怀理想的年轻科学家，在取得博士学位后，法布尔除了致力于昆虫学的研究，还为了贴补家用，他先后在中学教授物理学和化学，并始终保持着对科学研究的热情，利用空暇时间进行观察和实验。

世人知道法布尔大多是因为《昆虫记》，其实除了观察昆虫之外，法布尔还著述了很多写给孩子看的浅显易懂的科学读物。他的作品注重记录实验、探究、思考的过程，字里行间让读者感受到他对待生命、自然的热爱。他一生创作了100余部优秀的科学作品，其中有些作品的销量和受欢迎程度甚至超过了《昆虫记》，这本《趣味化学》就是其中之一。如今，《趣味化学》已经被翻译成多国文字，畅销20多个国家，全世界销量超千万册，对全世界少年儿童的科学学习产生了深远的影响。

目 录
CONTENTS

保罗叔叔是一个博学的人，他隐居乡间，每天的生活都围绕着浇花、种菜。他的两个侄子和他一同生活，一个是爱弥儿，一个是约尔，两个侄子都十分热爱学习。约尔的年龄大一些，对学习更加认真，他觉得学校所教授的知识是极为有限的，如果他掌握了法语和数学的学习方法，那么以后学习、钻研就可以不必再进学校了。

同时，保罗叔叔也鼓励两个孩子要有求知心，他总是说："在生命的这场战役中，最好的武器就是我们受过训练的头脑。"

最近几天，保罗叔叔计划着教两个孩子学一学化学，因为他认为化学是所有应用于实际的科学中最有效用的。

保罗叔叔常常自问："孩子们将来要成为什么样的人——是成为制造专家、工匠、机械专家、农夫，还是做其他什么事情呢——这是我无法预知的。但是无论如何，有一件事情是我可以确定的，那就是无论将来做什么事情，希望他们都能够描述出自己所做事情的原因与原理。换句话说，他们必须掌握基本的科学知识。比如，他们要知道空气是什么，水是什么，我们为什么需要呼吸，木柴为什么会燃烧，植物的主要营养素是什么，土壤的成分都有什么……这些基础理论都与农业、工业、医药等有着十分重要的联系。我不想让他们人云亦云地学习某些模糊、零散的知识，我希望他们完全从自己的观察与经验中推理出这些事实。而这个时候，书籍最多只能作为科学实验的一种补充，并没有决定性的作用。但是，我们该如何进行观察与实验呢？"

保罗叔叔开始反复思考他的计划。他发现这个计划想要实施还有着极大的困难，因为他们没有实验室和精细化学仪器。他们目前所拥有的只是一些普遍的、常见的家居用品，比如，瓶、壶、罐、盆、碟、盅、杯等。初步看来，这些家居用品似乎不能完成一个严谨的化学实验。不过幸运的是，他们的住所离市区很近，如果需要，可以购买一些必要的药品和仪器。但最重要的问题是：怎样利用这些简单的家居用品来教两个孩子学习有用的化学知识呢？

有一天，保罗叔叔对两个孩子说，他想和他们做一个小游戏来让常规功课变得更有趣味。他并没有说"化学"这个名词，因为即使说出来，两个孩子也不懂。他只说了各种有趣的物品和准备要做的各种新奇的实验。孩子的天性是活泼、好奇的，爱弥儿和约尔听了叔叔的话后，都对这些新鲜的东西很感兴趣。

他们问："我们什么时候能动手呢？明天，还是今天？"

保罗叔叔说："今天！我们先准备5分钟，然后立刻就开始。"

蜡烛燃烧实验

◆ 瓶子里面有什么

保罗叔叔拿着一个有点儿深的碟子，在碟子的中央滴上几滴蜡泪，将一支蜡烛粘了上去。接下来他点燃了蜡烛，把一个透明的广口大玻璃瓶倒放着罩在蜡烛上，然后在碟子里注满了水（图1）。

孩子们莫名其妙地看着，不知道接下来将要进行怎样的实验。但是，没等他们困惑太久，保罗叔叔已经准备好了一切，他问道："谁能告诉我瓶子里都有些什么？"

爱弥儿说："一支燃烧的蜡烛。"

图1

"还有其他的吗？"

"除了蜡烛以外，应该没有什么东西了吧？"

"还记得之前我们说过，有些物质是肉眼看不见的吗？请你们动脑筋来想一想，而不只是用眼睛看。"

爱弥儿听完保罗叔叔的话，顿时有些难为情，但他一时间实在想不起来这看不见的物质到底是什么。这时，约尔回答说："瓶子里还有空气。"

爱弥儿争辩说："但叔叔并没有将空气放进去啊。"

保罗叔叔说："我并不需要特地把空气放进去，瓶子中原本已经充满了空气。我们所用的全部容器，像各种杯、瓶、壶、罐等，全都被大气包围着，被空气充满着，就像一个没有木塞的瓶子放在水中一样。我们喝酒时，倒完酒瓶中的最后一滴酒，总是会说酒瓶空了，但严格地说，酒瓶并不是空的，因为空气占据了原来酒的位置，酒瓶其实充满着空气。所以，我们通常说的'空的东西'都不是空的。当然，我们可以制造真正的'空'，但需要借助适当的工具。"

◆ 如何隔离瓶子内外的空气

约尔问："是要用到空气泵吗？"

"对，就是空气泵，它能完全抽出密闭容器中的空气，并排放到外面的大气中。但我没用空气泵抽过这个瓶子，所以它里面还充满着空气，蜡烛也在瓶内的空气中燃烧着。我为什么用水注满这个碟子呢？因为这个瓶子里的空气要用来做实验，并借此来研究它的性质的，所以我们必须把这些空气密闭在一个容器里，与外界隔离。否则，这个实验就无法完成，我们也无法确认用于实验的空气究竟是大气中的哪一部分。仅靠倒立的瓶子是不能完全隔离大气的，因为在瓶口和碟底之间会有极细小的缝隙，空气能够从这些缝隙中自由出入。我们只有把这些缝隙塞住才能防止空气乱窜，这就是朝碟子中注水的原因。这些水不但可以隔离瓶子内外的空气，还可以指示瓶子中发生的反应。现在，你们可以认真观察一下瓶子中的变化。"

消失的空气

◆ 水位上升

　　瓶子中的蜡烛本来燃烧得很明亮，和在大气中的燃烧没有什么两样。但是，渐渐地，火焰开始暗淡变小，并且不停地摇曳，出现黑沉沉的烟雾，最终完全熄灭了（图2）。

　　爱弥儿叫道："快看！没有人吹蜡烛，它自己就熄灭了。"

　　"不要着急，我马上就会讲到这个现象。现在，请你们先睁大眼睛看看，碟子中的水发生了什么变化？"

图2

约尔也问道："我也有些疑惑，这个瓶子里原本充满了空气，但现在瓶子里一部分空气的位置却被碟子中的水占据了。瓶子里的那一部分空气是怎样消失的呢？它们又去了什么地方？如果你不向我们解释，我肯定要认为那一部分空气被蜡烛的火焰消灭了。"

"我们先来回答约尔提出的问题吧，解决了这个问题，爱弥儿的问题也就容易解答了。约尔观察到瓶子中的一部分空气已经消失了，这非常好。瓶子里上升的水也可以证明这一点。不过，这一部分空气虽然消失了，却没有被消灭，仔细思考一下，这些不见了的空气，其实已经转变成了其他物质。

"当几种不同的物质发生化合反应时，放热和发光几乎是这种反应最为明显的标志。"

约尔说："我知道！你把它比作祝贺缔结化学婚姻的灯彩，在瓶子里也能够出现这样的情况吗？"

一种新物质

"当然，蜡烛燃烧的火焰很热，并发出光亮，由此可以知道某种化合反应正在发生。那么究竟是什么物质在化合呢？显然，其中有一种物质来自烛脂，而另一种物质只能来自空气，因为瓶子里除了烛脂和空气外，就没有其他物质了。这个化合反应产生了一种新物质，它既不是烛脂，也不是空气，性质也与烛脂、空气完全不同。它和空气一样，是一种不可见的物质，我们肉眼看不见它。"

约尔反问道："如果烛脂和空气化合产生了一种新气体，那这种新气体就应该占据因为化合反应而消失的那部分空气的位置，瓶子应该始终都充满气体，但事实却是碟子里的水上升进入了瓶口，这是什么原因呢？"

"我们马上就会说到。先说新生成的化合物吧，它是极易溶于水的，就像糖和盐溶于水那样。糖和盐一旦溶于水就消失不见了，我们只能从水的甜味或咸味中判断它们是否存在。同样，刚刚新生成的气体也溶解在水中，并和水结合在一起了。你们夏天所喝的汽水就是溶解着这种气体的液体，因为汽水中

溶解的这种气体太多了，所以打开瓶盖或倾倒的时候，原本溶解着的气体经过震动，变成了气泡纷纷逸出。你们能想象到，汽水中的气体和蜡烛燃烧生成的气体是同一种物质吗？我们现在没有足够的时间来讨论这个有趣的问题，等到合适的时候再说吧。

"由烛脂和空气所形成的新化合物能够溶于水，瓶子中自然会空出一些位置，而碟子中的水因为大气压力上升到瓶中，就占据了这些空位。我们可以从水上升的高度看出有多少空气消失了。"

爱弥儿说："看！水只上升到了与瓶颈相齐的高度。"

"那就表明发生化合反应的气体很少——瓶子中上升的水所占容积有多少，就表明参与化合反应的气体有多少。"

"既然瓶子里还有许多空气，为什么烛焰不能把这些空气都燃烧完呢？不知道现在瓶子里的空气和最开始时有什么不同，在我看来，它还是无色透明的，并且没有产生烟雾。"

蜡烛为什么会熄灭

"我现在来回答你的问题：为什么瓶子里的蜡烛不用吹就会熄灭？这是因为，烛脂和空气中的某种气体化合产生烛焰，可见烛脂和空气对于火焰的产生同等重要，两者缺一，火焰就会熄灭。烛脂作为燃料，其必要性显而易见，但空气的必要性如何证明呢？你们应该从刚刚的实验可以推测出：烛焰不用吹就会熄灭，肯定是因为它的燃烧缺少了什么条件。"

"我懂了，没有人去吹灭蜡烛，也没有风，它的熄灭是因为燃烧缺少了什么条件。那缺少的究竟是什么呢？"

"缺少的肯定是空气，这瓶子里原本也只有空气，火焰想要继续燃烧，空气是必不能少的。"

"但瓶子里还有空气啊——而且比原来并没有少很多。"

"你说的也没错，但空气并不是一种**纯净物**，而是由好几种看不见的气体混合而成的**混合物**。占空气成分最多的是两种气体，其中一种比重较小，能够帮助火焰燃烧；另一种比重较大，不能帮助火焰燃烧。所以，当瓶子里缺少了能够助燃的气体之后，火焰也就随之熄灭了。"

约尔说："我完全明白了，火焰因为没有了助燃的气体而熄灭，这种能助燃的气体和燃烧着的烛脂化合后，变成了另一种透明的气体，能溶于水。于是碟子中的水上升进入瓶子，占据了原来的气体的位置。现在，瓶子里只剩下那种不助燃的气体，烛焰的燃烧就停止了。"

"你的解释基本正确，不过还需要略加修正。蜡烛的燃烧并没有用尽所有助燃气体，只不过瓶子里剩余的助燃气体分量太少了，已经不能维持烛焰的燃烧。我们之后会尝试完全用掉剩余的助燃气体，不过现在让我们先到这里吧。"

爱弥儿说："如果我们再点燃一根蜡烛，将它放进这个瓶子里，是不是同样也会熄灭呢？"

"当然，而且它会熄灭得非常迅速，就和浸入水中差不多。之前的蜡烛已经熄灭，再放一根进去，是不可能继续燃烧的。"

"虽然是这样的道理，但我还想试一试。"

"好的，你可以自己检验一下。"

验证蜡烛燃烧实验

◆ **比空气重的气体**

说着，保罗叔叔拿出另一根蜡烛，把它插在一根弯成钩状的铁丝上（图3）。然后左手拿起瓶子，右手没入水中抵住瓶口，小心地将瓶子拿出来直立在桌子上，同时将右手撤出。

爱弥儿见了说："你把手拿开后，瓶子里的气体不会跑出来吗？"

保罗叔叔说："不会的，因为这种气体比空气还重。不过，你不放心的话，我们就用一片碎玻璃做个盖子吧。"

瓶子里的气体比空气重，所以不会跑出去。

图3

保罗叔叔说着，随手拿起一块从窗子上掉下来的碎玻璃，盖在了瓶口。

他说："好了，我们可以开始接下来的实验了。"

他点燃插在铁丝上的蜡烛，稍稍移动瓶口的玻璃盖，轻轻将蜡烛伸入瓶中，只见烛火马上就熄灭了。再试一次，也是同样的结果。

"好了，不相信的话，你可以自己去试一试。亲自动手的实验，印象总是比较深刻。"

爱弥儿点燃蜡烛做起实验来（图4）。他把蜡烛小心而缓慢地伸进瓶子里，以为这样就不会熄灭了，但结果并没有如愿。他耐心实验了好几次，每一次都失败了。

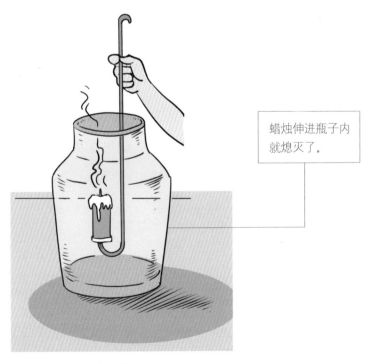

蜡烛伸进瓶子内就熄灭了。

图4

烛火熄灭的原因

爱弥儿有些失望，他说："虽然烛火一伸进这个瓶子里就熄灭了，但这也许和瓶子的大小有关系呢？瓶子的空间不够，会不会是烛火熄灭的原因呢？"

"这是一个好问题，我可以马上解释清楚。你看看我手中的另一个瓶子，它和刚刚那个瓶子的大小、形状都相同，而且被我们四周的空气所充满。现在，请用这个瓶子再做一次刚才的实验吧。"

爱弥儿将烛火伸进新的瓶子，只见它就像在空气中燃烧一样，并不熄灭。无论伸进去的动作是快是慢，伸到瓶口还是瓶底，蜡烛都和在瓶外空气中的燃烧没有两样。两相对比，他的疑惑消除了。

爱弥儿说："我明白了，第一个瓶子里的空气因烛火的燃烧而消耗后，已经不能继续维持烛火的燃烧了。"

"你已经信服这个结果了吗？"

"是的，我信服了。"

"那我们接着说，刚刚的实验可以得到一个这样的结论：空气的大部分是由两种气体组成的，这两种气体都是无色透明的，但它们的性质却并不相同。分量较少的气体可以使烛焰燃烧得更旺盛；而分量较多的气体却没有这种作用。我们把前一种气体叫作'氧'或'氧气'（Oxygen），后一种气体叫作'氮'或'氮气'（Nitrogen），它们都是非金属单质。空气主要是由这两种气体组成的混合物，而不是单一的元素（图5）。事实上，人们证明空气不是元素而是混合物的事实也只有几百年历史。"

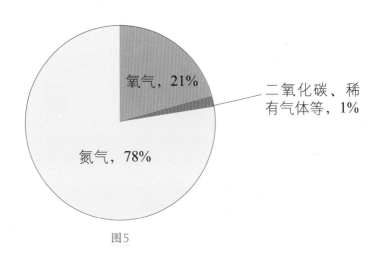

图5

约尔说："把蜡烛放入倒立在水中的瓶子里燃烧是一件挺简单的事，为什么从前的人们不知道用这个方法来实验呢？"

"这个方法虽然简单，但想出这个简单的方法的过程却很困难呀。"

第二章

氧气

一把氯酸钾和4瓶氧气

◆ 收集氧气

在谈话中，保罗叔叔曾多次提到氧气，但约尔和爱弥儿始终没有弄明白氧气究竟是一种什么样的气体。现在，他们可以看一看闻名已久的氧气了。保罗叔叔要将氯酸钾中的氧释放出来进行各种实验。

爱弥儿专心地想着可以助燃的氧气，甚至在夜晚做梦时，他还梦见了烧瓶和弯曲玻璃管在火炉上跳着各式各样有趣的舞蹈，而被关在玻璃墙壁里的氯酸钾以及二氧化锰都在好奇地张望。

当梦中的幻影变为真实实验时——看到保罗叔叔将烧瓶放到炭火上，爱弥儿不禁笑了起来。

没过多久，虽然烧瓶里的物质并没有发生十分明显的变化，但水盆中的玻璃管末端却已经开始产生气泡了。

之前准备的作为支撑物的小花盆，现在早就安放在了桌子中间。

之后，将一个容积为2~3升的广口

玻璃瓶盛满水，并倒立在那个花盆底面上，气体就从花盆底的小孔中上升至玻璃瓶里。

　　当玻璃瓶里充满了气体之后，保罗叔叔就将一只杯子没入水中，将玻璃瓶口放在水杯里，以保证气体不会散出（图6）。

图6

操作完后，他就将充满气体的瓶子连同水杯一齐取出，准备进行之后的实验。然后，他再将第二个广口瓶盛满水，并倒立在水盆中的小花盆底面上，用来收集气体，当气体充满后，又按照之前的方法取出。这样反复操作几次后，他们一共收集了4瓶气体。

爱弥儿说："这一把氯酸钾中确实含有许多的氧呢！"

"的确不少，这4瓶气体总共有10多升呢！"

"这10多升的氧气都是从氯酸钾里分解出来的吗？"

"是的，都是从那一把氯酸钾里分解出来的。我不是说过，这种盐是'氧气的栈房'吗？氯酸钾中不但储存着氧，而且储存量极大。这种气体被化合反应收集并压缩成了小包，储存在那里。现在，烧瓶里的氧气还没有完全释放，我想把这个罐子也充满呢。"

生成氯化钾

保罗叔叔说完，就将一个盛放糖果的玻璃罐盛满水，并将它倒着放在水盆中的花盆底面上。孩子们看见叔叔用这种器皿做实验，感到非常好笑。

于是，叔叔接着说起来："你们觉得用糖果罐做实验很可笑吗？你们认为它盛过糖果就不能盛氧气吗？这是没有道理的，我们使用了便宜一点儿的东西，但只要适合就没问题。以我们现在的装置，实验的效果一定很好，恐怕在完备的实验室里做也不过如此。

"这里有一个带底的玻璃筒，我要趁烧瓶中的气体还有剩余时，用氧气将这个玻璃筒充满。现在你们看好了，水中的气泡上升得很缓慢，可知烧瓶中的氧气已经在逐渐减少了。但是烧瓶中混合物的形状却没有多少变化，其中所剩的二氧化锰还和放进去的时候一样，既没增多也没减少。可见它不仅起到了促进氯酸钾分解的作用，还尽到了机器上润滑油的职责。氯酸钾此时已经失去了所含有的氧，变成我们在炭灰中看到的白色物质了。简单来说，就是它已经变为了和氯酸钾截然不同的氯化钾。好了，现在就让我们使用这些收集来的氧气进行实验吧。我们先将玻璃筒里的氧气用光再说。"

蜡烛复燃实验

保罗叔叔说着就用了之前的方法：在水底下先用手掌将倒立的玻璃筒口掩住，将玻璃筒从水盆中取出来立在桌子上，然后用一片玻璃盖住筒口。之后，他又使用了一根插在弯曲铁丝上的蜡烛头，像氮气实验时一样。接着，他点着了蜡烛头，待蜡烛火焰炽燃后，又将它吹灭了，但在烛芯上的火星却还未完全熄灭。

他说："虽然这个蜡烛头的火焰已经被吹灭了，但烛芯上却依旧有着红红的火星，现在我要将它插入盛有氧气的玻璃筒里，你们仔细看！"

他揭去了筒口的那片玻璃，将蜡烛头伸入圆筒，只听噗的一声，烛焰又燃烧起来了，放出明亮的光芒。然后，他再次将蜡烛头拿出来吹灭，当烛芯上的火星还将灭未灭时，又伸入圆筒。又听见噗的一

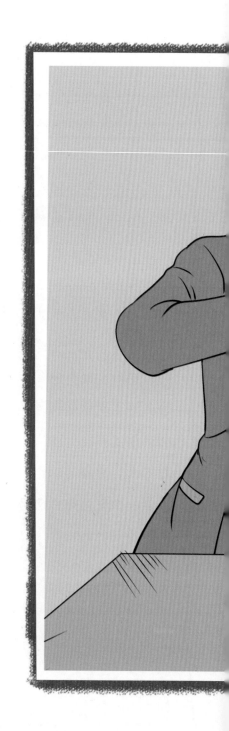

声，烛焰又重新燃烧起来，放出强光。保罗叔叔就这样试了一次又一次，实验都得到了相同的结果。

爱弥儿看见烛火自燃，拍着手，非常高兴。他说："氧气和氮气是好朋友，但它们的性质却截然不同。氧气能使将要熄灭的物质重新炽燃，氮气却会使炽燃着的物质熄灭。保罗叔叔，你能不能也让我做一次这个实验？"

"当然能，不过我得告诉你，圆筒里的氧气马上就要用完了，每次烛焰复燃的时候，总会有少量的氧气跑出去。"

"但是，那边不是还有4瓶氧气吗？"

"这几瓶氧气我还有更重要的实验要做。"

"那我怎么办呀？"

"你估计只能用糖果罐里的氧气来做实验了，我希望你不要把它当作糖果罐，而是把它当作一个玻璃筒。"

"好的，我听你的。"

◆ **用糖果罐做实验**

"其实，这个实验中使用糖果罐或是玻璃筒，效果都一样。为什么我要用这个糖果罐呢？就是要让你们知道，就算

是家居用品也可以用来做各种有意思的实验。在这个小村落中，难以买到我们刚刚所用的玻璃筒，它几乎算是一种奢侈品。实际上，你想要自己做这个实验，只需要一个广口的能伸入蜡烛头的瓶子或罐子就

可以。好的，现在你就去做实验吧。"

爱弥儿把罐子放在桌子上，开始做刚刚叔叔所做的实验，将烛火熄了又燃，燃了又熄，连续做了好多次，实验效果比用玻璃筒更好呢。

保罗叔叔说："你瞧，用这个罐子是不是不错？"

"没错，非常好。"

"所以，我们需要注意的不是容器本身，而是容器里所盛放的物质。我们只要把蜡烛头伸入氧气里，它就会复燃，使用玻璃筒还是糖果罐作为盛放氧气的容器都没有太大关系。现在，这个实验结束了，我们将蜡烛头放在氧气里，让它燃烧吧。你们仔细瞧一瞧，它不久就会燃尽。"

果然，蜡烛一没入氧气就猛烈燃烧起来，它的火焰与在空气中燃烧时完全不同，不仅更加明亮，也更加炽热，炽热到将蜡烛上的蜡都熔成蜡泪滴下来了。而在空气中可以燃烧1小时左右的蜡烛头在氧气中仅仅燃烧了几分钟。最后，烛焰因缺少氧气而熄灭了。

硫黄在氧气中燃烧

◆ 硫黄燃烧实验

"不再多说了。现在，我们继续实验。我们要在含有氧气的瓶子里燃烧一些物质，观察它燃烧的样子，先用硫来试一试。

"我将一片碎瓷片做成一个小托盘，又将一根铁丝的一端弯成圆形，并将碎瓷片放入。然后，将铁丝插在一个大软木塞中，这个瓶塞不但可以盖住瓶口，还可以使碎瓷片固定在适当的位置（图7）。如果没有软木塞，也可以使用一张圆形的厚纸片，铁丝的另一端必须露出软木塞或厚纸片，以便于我们升降碎瓷片，使其固定在瓶子的中央，与氧气充分接触。"

图7

保罗叔叔准备好后，就小心地将倒立的大瓶子与杯子一起转移到水盆里，然后在水底下拿开杯子，并用手掌掩住瓶口。按照这样操作，他很轻易地将瓶子取出直立在桌子上，而不使瓶子里的氧气与外界空气混杂。保罗叔叔将一片小玻璃作为瓶盖暂时盖在瓶口，并在碎瓷片上放好了一小粒**硫黄**。然后，他点燃了硫黄，将铁丝伸入瓶中，那块碎瓷片就被软木塞吊在瓶子中央了。

在一般状况下，硫黄燃烧是很迟缓的，发光也很微弱，所有人都知道这个事实。所以，两个孩子对此刻的燃烧都很吃惊。在实验开始前，保罗叔叔已经将百叶窗合上了，以免日光穿透进来而减弱硫燃烧时的光彩。硫黄在燃烧时释放出十分强烈的臭味气体，同时放出一种美丽的蓝光，把室内照得像在水底一般。

爱弥儿兴奋地拍手大叫："真好看！真好看！"

硫黄燃烧产生的烟气从瓶中逸出，屋子里飘散着一种使人窒息的异臭，所以当火焰熄灭后，保罗叔叔就将窗子打开了。

◆ 硫黄燃烧的产物

他说："好了，硫黄已经将瓶子里的氧气用尽了。现在，我也不必再细说硫在氧气中燃烧的情况，因为你们眼睛所看到的要比我所讲的更准确，它告诉你们，硫在氧气中燃烧所生成的热和所发出的光，与在空气中燃烧时并不相同。现在，我要提一个问题：刚刚燃烧过的硫现在变成什么了？硫和氧气化合变成了什么物质呢？它变成了一种有异臭的不可见的气体，它会使人咳呛，有一部分气体已经逸散在空气中——我们的嗅觉、咳呛都证实了这一点——但大部分气体依旧留

存在这个瓶子里。

现在，我们要使用石蕊试纸试试，检验它到底是什么物质。不过，我们还需要先将这种气体溶解在水里，因为干燥的物质是不能使石蕊试纸发生变化的。我先在瓶子里倒入一些水，震荡一下，使瓶中的气体尽快溶解在水中，然后将水溶液滴在蓝石蕊试纸上。现在你们看，试纸已经变为红色，这告诉了我们什么？"

约尔说："它告诉我们水溶液是一种酸，也就是硫燃烧变成了一种酸酐。"

爱弥儿接着说道："这个方法真简单。以前我们想要分辨某种物质是不是酸类，只能用舌头去品尝它的味道，现在有了石蕊试纸之后，我们可以用眼睛观察了。"

保罗叔叔同意他们说的："那的确是一种很简单的方法，你们想一想，对于一种看不见、感觉不到的物质，我们若想知道它是什么物质，是十分困难的。现在，我们可以使用石蕊试纸去检测它的水溶液，实验结果能立刻告诉我们：这是一种酸。"

"那它能不能告诉我们这种水溶液是否具有酸味呢？"

"当然可以啊，凡是能使蓝石蕊试纸或蓝花变红的物质，都会有酸味。"

"不过，你怎么能知道石蕊试纸检测出的结果一定是真实的呢？"

"你们可以蘸一些来尝一尝，你们不用害怕，这液体含很多水，味道很淡。"

保罗叔叔先做了示范，孩子们才蘸了些水溶液品尝，感觉它的味道果然有一点儿酸。

爱弥儿说："确实有一点儿酸味，只是味道很淡，不像磷酸那样强烈。"

"虽然它的酸味淡，但既然有酸味，就说明它也是一种酸啊！如此看来，我们的味觉与石蕊试纸是一致的，它们都告诉我们这种水溶液是一种酸，这种酸叫亚硫酸（H_2SO_3），而由硫和氧气化合后产生的使人发呛的臭气是亚硫酸酸酐。"

约尔道："叔叔，还有一种由硫组成的酸叫硫酸。是不是硫分别组成了两种酸呢？"

"是的，孩子。硫组成了两种酸，一种含氧较少，一种含氧较多。含氧较少的酸，它的酸性也较弱，称为亚硫酸；含氧较多的酸，它的酸性也较强，称为硫酸（H_2SO_4）。无论在空气中或在纯氧中，硫燃烧时只能夺取定量的氧气而生成亚硫酸酸酐，所以它溶在水里也只能生成亚硫酸。在化学上，我们可以通过另一个间接的方法使硫和氧气尽量化合而生成硫酸酸酐，这种硫酸酸酐溶在水里就成了硫酸。现在，关于硫的知识已经说得不少了，让我们看一看碳在纯氧中燃烧会有什么变化？"

木炭在氧气中燃烧

　　保罗叔叔将铁丝的一端缚上小指大小的一根木炭，另一端穿过作为瓶盖的圆形厚纸片。之后，他将木炭在烛火上点着一角，随即将它伸入另一个之前准备好的盛有纯氧的瓶子中。

　　这次实验的现象与刚刚硫在纯氧中燃烧的情况类似。在木炭被点燃的一角，原本只有一个极小的火星，但是将其放入瓶中，就变为一束明亮、炽热的火焰，并且很快蔓延到全部的木炭，进而将其变为一个高热的小熔炉。它发出白热的光，并向各个方向射出火花，就好像瓶子里关了许多流星一样。从木炭伸入瓶中至完全燃烧，只是一瞬间的事情。在空气中即使使用风箱来通风，燃烧也不会发生得这样快。爱弥儿眼都不眨地望着这根炽热燃烧的木炭，说道：

"在空气中，我也能做出来发出这种热

量、光芒和火星的火焰。只要将燃烧的炭火放在风箱口，它也会像在纯氧里一样燃烧。"

保罗叔叔接着说："那当然，风箱中吹出的是空气，也就是混合着大量氮气和少量氧气，虽然氮气减弱了氧气的助燃效果，但是迅速、不断地通风，也可以使木炭像在纯氧里一样炽燃。"

最后，瓶子里的氧气用尽了，木炭的火光渐渐变暗，最终变为黑色。此时，保罗叔叔又打开了在实验前合上的百叶窗，让太阳光进入屋内。

◆ 木炭燃烧的产物

保罗叔叔说："燃过的木炭变成什么物质了呢？我们必须解决这个问题。在这个瓶子里剩下了一种不可见、几乎没有臭味的气体。要是仅仅凭借嗅觉和视觉，我们一定会误以为这个瓶子里的物质没有改变。但是，如果我们仔细检验瓶子里的气体，就会发现它与氧气是完全不同的。瓶内的木炭最开始时燃烧得很旺盛，而现在却已经不能燃烧了。如果现在我们用燃着的烛火伸进去，它当然也不能燃烧了。请仔细看一看！我将燃着了的烛火伸下去，还没到瓶颈，烛火就突然灭了。由此可见，瓶内此刻已经没有氧气了，要是有的话，烛火一定会燃烧得很旺盛。

"还有一个实验：我在这个瓶子里倒入了一点儿水，然后震荡一下，促使瓶子里的气体尽快溶解在水中，再将一张蓝石蕊试纸放入水中，试纸变成了淡红色。由此可见，这种水溶液也是一种酸，而这无色无味的气体则是一种酸酐，它的性质与氧气不同。这点不同显然是由于碳（即木炭）与氧气化合造成的。因此，我们可以推测出这样一个结论：在无色透明的气体中含有少量又硬又沉的碳。"

爱弥儿赞同道："那是肯定的。不过，如果以前有人对我说这种透明气体中含有黑色的木炭，却不为我证明，我是绝对不会相信的。约尔，你说是不是这样？"

"没错，说一种看不见、摸不着的气体中含有碳，我们是很难相信的。如果保罗叔叔没有一步步教我们，而是一开始就说，在这个看不见任何物质的瓶子里有木炭，我们一定会惊讶地望着他不敢相信。可是现在证据确凿，已经没有任何疑问了。燃过的木炭已经变为气体，其水溶液能使蓝石蕊试纸变红，因此这种气体是一种酸酐，这种水溶液是一种酸。不过这种酸酐和酸叫什么名字呢？"

"请你们尝试使用以前所学的化学语法推导出它们的名字来吧。"

"哦，我都忘记了。木炭就是碳，碳加了一个酸酐就成为碳酸酸酐——这是由碳燃烧所生成的气体的名字，碳加了一个酸就成为碳酸——这是气体的水溶液的名字。"

爱弥儿问："碳酸也有酸味吗？"

"当然，不过它的味道比较淡，而且这瓶子里有很多水，所以它的酸味几乎觉察不出来。蓝石蕊试纸也不能完全变红，只是微微出现一点儿淡红色，原因就是如此。将来如果有机会，我一定要通过实验让你们相信碳酸的确是有酸味的。"

铁在氧气中燃烧

"现在，让我们使用第三个盛满氧气的瓶子来做实验吧。我要在这个瓶子里燃烧一些铁，我并不像铁匠打铁一样先在熔炉中将铁烧到炽热，我只用一根火柴就能点燃它，就像点燃爆竹的火捻一样。"

爱弥儿好奇地问："铁可以被火柴点燃吗？"

"当然可以，点燃爆竹的火捻也不会比这更容易。这儿有一根旧发条，是我从钟表匠那儿要来的。在进行这个实验时，这种形状的铁是最合适的，因为这样铁就可以最大面积接触氧气。如果没有旧发条，也可以使用最细的铁丝。现在我用纱布将旧发条上的锈污擦去，并用炭火加热，使发条的质地变软一点儿。然后我将它绕在一支铅笔杆上形成螺旋形，并将一端钉在一张作为瓶盖的圆形厚纸片上，将另一端卷住一两根火柴，并拉长螺旋，使附有火柴的一端可以伸到瓶子中央。如果我们使用铁丝来做实验，也不能省略刚刚说的操作，即用纱布将铁丝擦净，用木杆将其绕成螺旋形，在螺旋形的一端卷上火柴。"

以上准备工作都已经妥当，第三个盛满氧气的瓶子也已经被放置在桌子上了，但瓶底还留有两三厘米高的水。爱弥儿似乎对瓶中的水有一点儿不放心："这个瓶子里还留有一些水呢！"

"是的，这个实验的瓶子中，放一点儿水是很重要的，要是没有水，我们还必须倒些水呢。至于水在这里的用处，你们马上就会知道。现在，请把百叶窗关闭，我们要进行实验了。"

等屋子一暗，叔叔便点着火柴，将螺旋状的旧发条伸入瓶子中。于是，火柴立即发出强烈的光芒，不久之后，旧发条也开始燃烧了，飞射出明亮的火星，就像烟花一样。

这束以铁为燃料的奇异火焰渐渐向上蔓延，凡是已经燃过的部分都熔融凝聚为小球，闪烁着耀眼的光芒，之后因为小球越积越重，便滴下来落入水中发出刺刺的声音。紧接着，第二、第三颗凝成球状的熔融物也依次从发条上滴落。这种炽热的熔融物在水中没有立即熄灭。要是没有这瓶底的冷水，瓶底的玻璃一定会被熔融物的高热熔穿。

孩子们严肃地注视着铁的燃烧实验。爱弥儿看后，心里有一点儿害怕。熔融小球滴落水里的刺刺声、冷水不能立即将熔融小球熄灭、旧发条燃烧时的情况、火星飞射在瓶壁上的声音等组合成一种奇异的景象。

爱弥儿用双手遮住脸，显然认为将会发生什么爆炸。但最后却不曾发生爆炸，只是瓶子上添了几条裂痕而已。

保罗叔叔说道："这个实验也可以用沙砾完成。"

"爱弥儿，现在你相信铁可以燃烧了吗？"

爱弥儿回答："我相信了，铁是可以燃烧的，并且能燃烧得很猛烈，几乎像烟花一样。"

"你呢，约尔，你对这个实验有什么感想？"

"我认为这实验比镁的燃烧还有趣呢。我们本来就没有见过镁，所以它的燃烧在我们看来倒是没有什么稀奇的。但是，铁的燃烧与镁不同：铁是我们常见的物质，以我们过去的经验来看，铁应该能够抵抗住火。然而现在我却看到它像柴火一样燃烧，这会让我感觉特别神奇。并且最奇怪的是，熔融小球滴落后还能继续在水里发出红光，而不是马上熄灭。"

铁燃烧的产物

"这些滴落的熔融物其实并不是铁，而是一种铁的氧化物。我从瓶子里拿出几颗让你们仔细检查一下。你们看，它是一种黑色物质，手指用力可以把它捻碎，而如果它们是纯净的铁就不会这样。它的脆弱性告诉我们：其中含有别的元素，这种元素就是氧。在铁匠打铁时，从炽热的铁上飞射开的黑色易碎的小鳞片，就是这种物质。它们是经过燃烧的铁，也是经过氧化的铁。你们还要注意，现在瓶子内壁有一层红色粉末，这是之前没有的。你们知道这些红色粉末是什么物质吗？或者它们看上去像是什么物质？"

约尔回答："它很像铁锈，至少颜色像铁锈。"

"的确，它就是铁锈，你们应该记住——铁锈是铁和氧的化合物。"

"这个瓶子里是不是有两种铁的氧化物？"

"没错，是有两种，不过它们的含氧量是不同的。落在瓶底的黑色物质含氧量比较少，凝聚在瓶壁的红色粉末含氧量较多。我不再细说这个问题，因为在不久以后，我就会讲解这个问题。现在请你们注意看一下瓶底的裂痕和嵌在厚玻璃里的黑色氧化物。"

爱弥儿说："当时，这种氧化物一定很热，所以落入水里还能将玻璃熔软。我曾看见铁匠把烧红的铁放入水中，但铁一到水里就会立即熄灭，而不会像这样子。"

"这么说来，瓶子里是不是必须放一点儿水？"

"没错，不然这个瓶底一定会被熔穿！"

"非但如此，甚至这个瓶子都会因为突然高热而爆裂呢。当第一滴熔融物落下时，瓶子就会破碎，实验就不能继续了！幸亏我们当初留有这一层水。现在瓶子上虽然有几道裂痕，但还可以继续使用。"

麻雀放入氧气中

桌子上剩下的第四瓶氧气还没用。麻雀在笼子里吃着面包屑，活蹦乱跳着，注视着他们做实验。但是现在，它却要亲身经历一下实验了，不过保罗叔叔声明，这次实验绝不会有生命危险。孩子们知道氮气是不能维持呼吸的，又知道火在纯氮气中不能继续燃烧，生命体在纯氮气中也不能维持活力。那么现在这只麻雀将向他们证明什么呢？它将告诉他们呼吸不含氮气的纯氧会有什么后果。保罗叔叔将麻雀拿出，放到最后一个盛满氧气的瓶子里。

开始时并没有发生什么特别的事情。过了没多久，麻雀的动作反而比平常更活泼了。它跳着，扑扇着翅膀，跺着脚，啄着瓶壁，就像是患了狂犬病发狂了似的。后来，它急促地呼吸着，胸部剧烈地一起一伏，显然已经精疲力竭了，但它发疯一般的动作不但没有减少，反而增加了。为了保护它的安全，保罗叔叔连忙将麻雀放回笼子里了。几分钟后，麻雀的"狂犬病"才减退了（图8）。

保罗叔叔说："实验已经结束了。由此可知，氧气是一种可以维持呼吸的气体，动物能在氧气中生活。氧气的性质与氮气不同。不过，动物在纯氧里的活力非常强烈，甚至会超出常规，你们看麻雀激动的样子就知道了。"

约尔说："没错，我从没见过这么兴奋的麻雀，简直像是着魔一样。为什么你这么紧张地将它从瓶子里拿出来呢？"

"因为麻雀待的时间再久一些，就会死在里面。"

"那么，氧气也是一种能摧毁生命的气体吗？"

"不，氧气是能够帮助维持生命的。"

"我不懂你的话。"

"想一想燃着的蜡烛伸入纯氧中的情况吧。在纯氧里，它燃烧得非常猛烈，瞬间就消耗了许多烛脂，火焰放射出明亮的光芒，并表现出十足的活力，但其燃烧的时间却非常短暂。其实，生命也和烛火一样，生命有活力，但如果过度使用，是经不起长时间消耗的。我们可以这样概括，动物将自己的身体机器开得太快，像一切超速运转的机器一样，顷刻间身体就损坏、停工了。我们刚刚看到的麻雀是多么富有活力，现在又是多么疲惫啊！无论怎样，若是时间再长一点儿，这台'小机器'就一定会毁了，这便是我急忙将它拿出来的原因。"

图8

第三章

氢气

不怕湿的火药

◆ 收集气体

保罗叔叔带着两个侄子来到村里的一间铁匠铺，想要借这个地方做一个神奇的化学实验。他要向孩子们证明：水里含有一种可燃物质，它是比磷、硫等元素更易燃烧的物质。水能灭火，但现在他要从水里制取一种燃料。

约尔和爱弥儿都觉得这是不可能的事情，但又非常期待这次实验。而铁匠对于邻居的离奇企图，感觉十分有趣，于是将他的熔炉、工具都完全交给保罗叔叔，甚至他自己也完全听从保罗叔叔的指挥。但是在他那张被烟炱染污了的脸上还是略带有一丝怀疑的微笑。

工作台上摆放着一只盛满水的瓦制缸子和一个玻璃杯，一根很重的铁条被放入熔炉中加热。铁匠拉动风箱，保罗叔叔仔细观察着那根铁条，当铁条被烧得红热后，他就开始说明这次实验将如何

进行。

他对约尔说："将杯子盛满水，并倒立在水缸中，然后略略提起杯底，保持杯口在水面以下，我要把这根烧红的铁条插入水中，并放

在杯口下面。你不要害怕，我是不会烧到你的手指的。你需要把杯子倾斜一些，让烧红的铁条恰巧置于杯口下面。但是，你可不能让杯口露出水面。"

约尔明白保罗叔叔的要求之后，叔叔就急忙将烧红的铁条的一端插入倒置在水缸中的杯口边。水沸腾了好一段时间，同时产生很多气泡，上升至玻璃杯底边。

保罗叔叔说："现在，我们收集的气体还不够进行实验呢。你稳稳地拿住杯子，我再来制一些。"

他将铁条来回送入熔炉几次，待其一端烧红之后，再没入水中。每重复一次这样的操作，杯中的气体体积就相应增加些许。虽然实验进行得非常缓慢，但并没有停下来，铁匠不停地拉着风箱，像孩子们好奇地想要看一看这个神奇的实验会出现什么结果。在杯子里收集的是什么气体呢？它无色透明，很像空气。

但它究竟是不是空气呢？在铁匠的日常工作中，虽然热铁没入水中发出哧哧声是常常发生的事情，但他从没关注过这件事情。只有像保罗叔叔那样懂化学知识的人，才会想到从接触热铁而沸腾的水中去收集气体。在铁匠那流着像墨水一样的汗水的脸颊上，此时质疑的笑容已经消失了，取而代之的是一种坚定、兴奋的表情。

后来，保罗叔叔自己用一只手拿住了杯底，将它稍稍倾斜一些，使杯子中的气体慢慢释放出来，另一只手拿了一张纸条，点燃了上升到水面上的气泡。

不久之后，从气泡中发出了一种爆鸣声，同时射出火焰，不过火焰非常暗淡，必须站在背光的地方才能看到。因为铁匠铺原本就很暗，所以倒是十分适合做这个实验。

　　噗！第二个气泡又响了，紧接着其他气泡也开始响个不停，很像是微弱的排枪声。

　　铁匠惊奇地叫着："不怕湿的火药！它一到水面上就爆鸣。请你再做一次，让我看得清楚些。"

　　保罗叔叔又倾斜着杯子，气泡陆续从水中升起，直至完全释放。

◆ 比火药更易燃烧的气体

　　铁匠问："你说的比火药更易燃烧的气体真是从水里出来的吗？"

　　"这是从被热铁分解的水里制取的。不是从水里出来，那它是从什么地方出来的呢？我只用铁和水制备了这种气体，但是铁并不是必要的，关于这一点你们不久就会了解，所以这种可燃气体的确是从水里出来的。"

铁匠点点头，说道："化学真是一门有趣的学问！它能使水燃烧，我要是有时间的话，也要学一学化学。"

保罗叔叔接着说："你每天都在实践着化学知识，而且是十分有趣的化学知识呢。"

"化学——我？锤铁、磨刀，这也算化学吗？"

"没错，这些工作中也包含着化学知识，你每天都在实践化学，只是你自己不知道而已。"

"我真的没有想到！"

"我希望将这些工作中的化学知识告诉你。"

"什么时候呢？"

"今天。"

"保罗先生，请让我再问你一下，这种从水里制取的可燃气体叫什么名字呢？"

"这种气体叫氢气，俗称轻气。"

"氢气。哦，我会永远记住它的。等我有了空闲，我还要将你做的实验给我朋友看一看呢！啊，你的侄子可真是幸福，他们每天都可以听到你的讲述。我要是和他们年纪相当，一定要做你的学生。可惜的是，我的年纪太大了，我那长锈的头脑已经读不进书了。现在你还有什么事情需要我帮忙吗？"

制取氢气

"请再生起火来，将熔炉中的煤烧红。我还要再分解一些水，不过这次我要用煤代替铁，我们制取的还是氢气这种可燃气体——这可以证明氢气的确是从水里来的，它和所用的铁或煤均没有关系。约尔，你把杯子拿好，这个实验的操作方法和刚刚用铁条操作是一样的。"

图9

他们等了几分钟，让熔炉烧旺。然后，保罗叔叔用火钳将炽热的煤拿出并没入水中，放在杯口边，于是又有许多气泡上升至杯底，好像比用铁条时还要多（图9）。

这样反复操作了几次后，杯子中已经充满了气体。这种气体碰到火就会立刻发出微弱的光并燃烧起来，每次发出一次火焰就能听见一声爆鸣。

总之，炽热的煤和炽热的铁有着相同的功效。从此可知，保罗叔叔所说的可燃气体——氢气，的确是从水里来的，而性质各不相同的炽热的铁或煤只不过用以分解水，使其释放出所含的氢罢了。

水中的燃料

◆ 潮湿的煤烧得更旺

铁匠看着保罗叔叔的实验，呆呆地站着出了一会儿神，他想起每天在熔炉边工作的情形。保罗叔叔看透了他的心思，对他说："我问你，你在锻接时需要将铁烧得特别热，当时你用了什么方法？"

"用了什么方法？我现在正在想，这种方法是不是和你所说的氢气有关。我感觉看过了你的实验，我每天所做的奇怪的事情都可以解释了。那边的壁角有一个水槽，水槽中放着一把长柄布帚，我常用这把布帚在烧红的煤上洒水，以获得用其他任何方法都无法得到的高热。"

"你将水洒在火上，这个方法看起来好像是可以使火焰熄灭，但实际上火却越烧越旺。"

"可不是！对于这件事情，我常常感到疑惑，可是无论如何也想不出它的原

056

因，现在看了关于氢气的实验，就……"

"我们等一会儿再说这个问题吧。我的侄子们还在疑惑为什么潮湿的煤会烧得更旺呢。请你做一个实例给他们看看吧。"

"当然好，只要是我力所能及的事情，我都愿意做。我很高兴今天竟然有机会做你的学生。"

铁匠拉动风箱，生起了火。他拿起一根铁条放在燃烧的火炉中，等它烧至炽热后，又将它抽出来。

他说："这跟铁条已经烧得炽热，即使现在拼命地用风箱扇风，也不能使它变得更热。而如果要使它变得更热，例如，在锻接时，就必须用布帛在烧红的煤上洒点儿水，不过不能洒太多，因为水太多就会熄灭火焰。"

然后，他将铁条放回熔炉中，并在炽热的煤上洒了点儿水。孩子们站在铁匠身旁，如学徒般专心观察。他们一定曾经看见过许多次这样普通的操作，只是以前就算看见了也不曾注意。

可是现在，叔叔已经告诉过他们在水中所含的可燃气体——氢气的性质，于是他们对这个事实感到十分有兴趣。只有对于某件事特别注意，才会对其感兴趣。知识为我们周围的一切事物增添了迷人的魅力。

水立即对炽热的煤起反应了。开始时，火舌长长的，火舌下部很明亮，顶部为红色，微微冒烟，但这束长长的火焰突然间缩小并好像窜到燃料中去了。

之后，火焰在煤的间隙处吐出短短的火苗，发出亮亮的白光，这些白色火焰的舌头就像是在白昼中不易看到的氢气似的。很明显，火焰的温度很高，因为被白色火焰点燃的煤发出了炫目的强光。

就在此时，铁匠又将铁条抽出来了，这次铁条已不再炽热，而是白热了。只听见它发出一种爆裂的声音，并射出一阵灿烂的火星。

爱弥儿想起了之前做的实验，不禁叫道："白热的铁条燃烧起来了。"

铁匠说："没错，铁条燃烧了。如果熔炉总是保持现在的温度，那么当这根铁条长时间被遗留在熔炉里时，它就会渐渐变小，最终完全燃尽。看一看铁砧四周，散布着许多小片的铁渣，这些铁渣就是从炽热的铁上被锤打下来的（图10）。"

"我知道这种铁渣，它就是氧化的铁（Fe_3O_4）。"

"我不知道它究竟是不是氧化铁，我只知道它们是已经燃烧过的铁。当我们在炽热的煤上洒水，使熔炉内产生高热时，会生成很多这种铁渣。不过现在，让我们听一听你们叔叔的解释吧。嗨，保罗先生，为什么水能够产生这样的火呢？没有加水，熔炉中的铁只能达到炽热的程度，而加了水，它却能射出炫目的白光。我不明白其中的道理。"

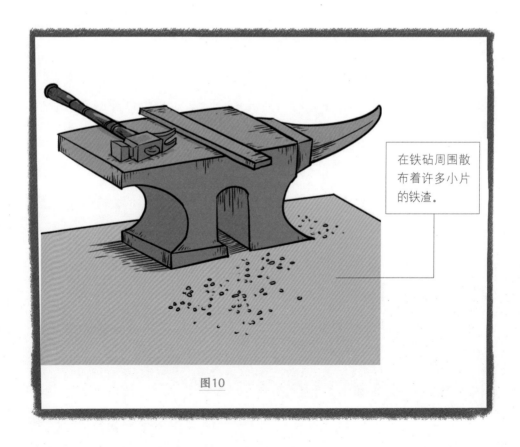

在铁砧周围散布着许多小片的铁渣。

图10

◆ 产热量最多的燃料

保罗叔叔回答："这很容易理解。氢气是产热量最多的燃料，柴薪、煤炭以及其他任何燃料的火焰，它们的温度都没有氢气的高。氢气是最好的燃料，没有一种物质比它更易燃烧，也没有一种物质比它释放出的热量多。"

铁匠说："现在，我明白了。我将水洒在熔炉中炽热的煤上，水就会被分解，就像之前你把炽热的煤没入水中一样。水分解时会产生氢气，氢气碰到火就燃烧了，又因为氢气是最好的燃料，能够产生大量的热，所以它会使炽热的铁达到白热。我洒水，就相当于我填装了比煤更好的燃料。我说得对不对？"

"完全正确。水被炽热的煤分解，产生了更好的燃料。正如我之前说的，你不是也每天都在做着化学实验吗？"

"是呀，但是我做梦也不会想到这一点。我怎么能知道把炽热燃烧的煤打湿了会产生氢气呢？一定要多读书才能知道这些，但是，对于我这样没有知识的人，一天到晚都忙着叮叮当、叮叮当，总是没有时间看书。保罗先生，我还有一件事想问你。我听有学问的人说过，在失火时，如果火势很旺而没有足够的水灭火，那么还是不要浇水为好。此时，最好的办法是用什么东西？沙土能压灭它吗？我不知道这件事情和氢气有没有关系。"

"当然有关系。如果在炽燃的火上洒上少量的水，水就会被分解并向火供给更好的燃料——氢气。结果，火非但不会灭，反而会烧得更旺盛，就像你在熔炉中洒水一样。如果你不只是将炽热的煤打湿，而是将大桶的水灌下去，那么火就会熄灭。所以要灭火，就一定要用大量的水。"

　　铁匠说："我和你聊天，真的获益不少。我的熔炉一天到晚生着火，如果你在化学实验上有用得到它的时候，就请尽管过来吧。"

　　保罗叔叔谢过了邻居，就带着孩子们动身回家了。约尔还从铁砧周围捧回了一把从赤铁上落下的铁渣，准备带回去在空闲时研究。

第四章

二氧化碳

制备二氧化碳

◆ 制备熟石灰溶液

"孩子们，今天我们不听机关枪声和刺耳的音乐，也不看强烈的火焰和氢气与氧气热闹的化合反应，但这一节安静的化学课的重要性并不亚于上一节课。现在，我要提问：煤或木炭燃烧后会变成什么物质？

"我们看见它在氧气中烧得十分旺盛——我们肯定不会马上忘记这个伟大表演的。在其燃烧反应中生成了一种不可见的气体，这种气体就是通常所说的二氧化碳，也就是我们以前讲过的碳酸酸酐气体。它与别的酸酐一样，其水溶液——碳酸——能使蓝石蕊试纸稍稍变红。虽然二氧化碳是一种人们普遍知道的气体，但我们以前只知道它的名字，并不知道它的真正特性。现在我们有必要进行详细研究。首先，你们要学会怎样去认识它，以及怎样去制备它。

"这是一块生石灰，将水洒在它上面，使它发热而碎裂为粉末。然后，再加入多一点儿的水将它搅拌为薄糊状。你们应该知道，熟石灰是微微能溶于水的。现在，我就要制备这种溶液，它需要的是澄清透明的、没有任何未溶解的石灰。我将薄糊状的熟石灰倒在一个垫有滤纸的漏斗中过滤。"

◆ 过滤熟石灰

"你们知道，使用筛子可以分开两种不同粗细物质的混合物，细的物质会被筛出，粗的物质留在筛子里。滤纸也是一种筛子，滤纸上有许许多多看不见的小细孔，使已经溶解为微粒的物质可以从细孔中筛出，未溶解的大颗粒物质则会留在滤纸上。所以只要液体中含有杂质或沉淀物时，都可以使用滤纸来过滤。

"滤纸是一种圆形纸片，形状或大或小，可以从药房或仪器商店中买到。如果手边没有滤纸，可以用中国制造的棉料纸代替，它和滤纸一样疏松有细孔，并遇水不破。在使用滤纸时，先将圆形的滤纸对折为半圆形，再对折为扇形。这样对折之后再对折，直到不能再折为止。最后，把它稍稍展开，叠成一张有皱纹的滤纸漏斗。之后，将滤纸漏斗放在一个玻璃制的（或者金属制的）漏斗里，并将玻璃漏斗柄插在一个可承接过滤液体的瓶子里就可以了。

"过滤装置已经准备好了。现在我就将熟石灰的薄糊过滤。请注意观察一下：滤器上面的液体是多么浓厚、混浊，而滤器下面瓶子里的液体又是多么洁净、清澈，就像清水一样。请想一想如果滤纸能将已经溶解的熟石灰和未溶解的熟石灰完全分开，是不是非常神奇？经过过滤装置过滤的液体，虽然看上去像水，但实际上还含有已经溶解的熟石灰，我们可以借助它的味道来确认这个事实。这种水溶液称为石灰水，我们制备二氧化碳的实验将要用到它。"

◆ 制成二氧化碳

"我们现在需要在空气中燃烧木炭制取一些二氧化碳。这是两个相同大小的瓶子，瓶子内都充满了空气，我将一段炽燃的木炭放入一个瓶子里，让它继续燃烧直至熄灭，这样就已经制取了少量的二氧化碳。二氧化碳是一种不可见的气体，但可以使用石灰水证明它的存在。我用汤匙盛一两匙石灰水注入瓶子里，摇晃几下，石灰水立刻变为混浊的白色液体。"

二氧化碳的特性

◆ 石灰水的特性

"是不是因为瓶子中有了二氧化碳，才能将石灰水变为白色呢？想要回答这个问题，我们只需问：另一个瓶子里的氮气与氧气的混合物气体——空气能不能将石灰水变为白色？在得出结论之前，我们必须先借助实验验证。我在另一个充满空气的瓶子里同样注入一些澄清的石灰水，摇晃几下，瓶子中的石灰水并没有发生任何变化，还是澄

图11

清如清水。可见导致石灰水变色的是二氧化碳，并不是氮气和氧气。让我再来补充一句话，请你们一定牢记：只有二氧化碳气体能让石灰水变成白色（图11）。

"由此可知，石灰水是辨别二氧化碳和其他气体的有效工具。例如，一个瓶子里充满了某种未知的气体，如果我们不确定它是不是二氧化碳，就可以使用石灰水来辨别，若摇晃后石灰水变白，这种气体一定是二氧化碳，否则就一定不是。有的时候，木炭的燃烧往往不易被我们觉察，而有了石灰水就可以将这件事情快速解决。记住石灰水的这种特性，

我们将来还需要再次使用它。"

◆ 白垩粉

"现在，我将被二氧化碳变白的液体倒入一个玻璃杯中，将杯子拿到有光照的地方，对着光望过去，就可以看见其中有许许多多的白色细小颗粒在液体里旋转。如果我们把杯子静置一会儿，液体中的细小颗粒就会渐渐沉淀，杯子中的液体又会变得和清水一样清澈。我将上层的液体倒掉，只留下微量的沉淀物。这些沉淀物是什么物质呢？从其外表来看，你们可能会说它是面粉、淀粉或白垩粉。是的，它的确是白垩粉，与制造粉笔的白垩粉是同一种物质。

"但你们不要以为用来在黑板上写字的粉笔就是用这样的原料制成的。如果制造粉笔必须燃烧木炭、溶解石灰，那制造粉笔所耗费的费用和工作量就太大了。制造普通粉笔所使用的白垩粉是天然的，只需去除杂质、调入水，用模具压制成条状即可。我们现在得到的白色物质是用人工的方法制成的白垩粉。这些白垩粉是怎样制得的呢？因为二氧化碳遇到了石灰水，就与其中的熟石灰结合成为一种盐类，叫碳酸钙，俗称碳酸石灰。

"虽然碳酸钙是由碳酸和熟石灰化合而成，但是它在自然界中的存在状态，如粗细、软硬、松紧等却

各不相同。质地粗糙松软而易粉碎的是白垩粉；质地粗糙坚硬的是石灰石，可用作建筑材料，如建筑石、铺路石；质地坚硬而细致的是大理石……虽然这些石类的名称、外形和用途均不同，但构成这些石类的物质却是相同的——都是燃烧后的碳和熟石灰的**化合物**（图12）。化学可不管物质的外观，只认它的内部结构，所以上面所说的各种石类在化学上都叫碳酸钙。因此，在必要时，我们也能从白垩粉、石灰石或大理石中制取二氧化碳，它和木炭燃烧所生成的二氧化碳完全相同。

"由上述可知，制取二氧化碳并不一定需要燃烧木炭，几块小石子也可以制取出完全相同的气体。在缺乏化学知识的人看来，化学简直像是魔术，它能扰乱我们习以为常的观念。你想要寻找最好的燃料吗？化学却叫你从水中去找。你想要寻找木炭燃烧时生成的气体吗？化学却叫你从石子中去找。"

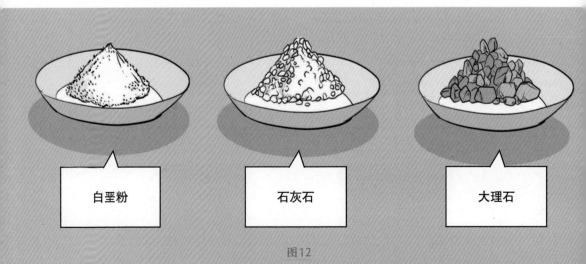

| 白垩粉 | 石灰石 | 大理石 |

图12

最黑的物质与最白的物质

◆ 证明蜡烛中含有碳

"白垩粉中有碳元素，最黑的物质存在于最白的物质之中。对于这个事实，即使是常常质疑的爱弥儿也深信不疑。我刚刚在瓶子中燃烧的的确是碳——构成木炭的碳元素，燃烧后生成的二氧化碳是碳和氧的化合物，之后二氧化碳遇到石灰水，二氧化碳就与熟石灰化合形成了白色小颗粒，即在水中悬浮着的白垩粉。

"刚刚我说过白垩粉中有碳，只不过白垩粉中的碳是已经燃烧过的碳，若是不将它的同伴——氧驱逐，它是不能再燃烧的，所以白垩粉是一种不能燃烧的物质。不过有许多其他物质中都含有未燃烧的碳，这些物质却是可燃的。例如，用来制造蜡烛的蜡。虽然蜡的外表是洁白的，但其中却含有大量的碳，只需想一想蜡烛燃烧时生成的黑烟就可以理解了。除了黑烟，我们也可以通过其他途径证明碳元素的存在。这个方法非常简单，只需将蜡烛点燃，检查其燃烧时有没有生成二氧化碳就可以了。如果证明生成了二氧化碳，就可以确定蜡中含有碳。现在，就让我们做一做这个实验吧。

"在瓶子中注满清水，再将它倒出，使瓶子中充满纯净的空气。然后将燃着的蜡烛附着在铁丝上伸入瓶子，让蜡烛继续燃烧，直至熄灭（图13）。现在这个瓶子里有没有二氧化碳生成呢？石灰水可以告诉我们答案。将少量的石灰水倒入瓶中，并摇晃一段时间。注意看了：石灰水变为了乳白色。由此可知，蜡烛在燃烧时的确生成了二氧化碳，同时也可以证明制造蜡烛的蜡的确含有碳。"

图13

◆ 证明纸张中含有碳

"让我们再来举一个例子。纸张也含有碳，我们只要燃烧纸片，并检验其黑色的灰烬，就可以证明其中也含有碳。但是在尚未借助实验证明之前，我们还不能做出准确的判断。也许那黑色灰烬不是碳呢？仅仅根据物质的外观就下结论常常会犯错。我再将瓶子里充满纯净的空气，卷好一张纸片伸入瓶中燃烧，不使灰烬落下（图14）。然后将石灰水注入瓶中并摇晃，石灰水立刻变为了白色。由此可知，瓶中已经生成了二氧化碳，同时可以证明纸张的的确确含有碳。你们看，这些结论都是物质自己说出来的。"

图14

◆ 证明酒精中含有碳

"虽然纸和蜡都是白色的，但其燃烧时生成了黑烟或黑色灰烬，可以让我们凭借直觉判断其中含有碳。但是另外一种物质却并没有类似的含碳痕迹，那就是酒精。虽然酒精和水同样是无色透明的液体，但通过酒精强烈的气味，可以证明它并不是水。酒精遇火极易燃烧，能产生无烟的火焰。那么这种无色的可燃液体究竟是否含有碳呢？

"从它的燃烧反应中，我们找不到一点儿含有碳的证据，它既没有生成黑烟，也没有产生黑色残烬。此时，只有石灰水能帮助我们解决这个问题。我们在一个用铁丝缠绕着的小杯中注入少量酒精，将它点燃伸入一个盛满纯净空气的瓶中，等瓶中的酒精停止燃烧，就用石灰水来检验，结果石灰水变为了白色，问题解决了。现在可以断定：虽然酒精的外观与水一样是一种无色透明的液体，但它的成分中却含有黑色的不透明的碳。

"借助相同的方法，我们可以检验各种物质，只要是燃烧后生成的气体能将石灰水变白，其成分中就含有碳。我之所以要反复说明这个事实，就是想要你们明白：想要认识一种化合物的真实性质，仅凭借它的外观是靠不住的。我已经用实验向你们证明了这一点，虽然某些物质的外观不像含有碳的样子，但实际却含有碳。现在，我想请你们注意一件更奇特的事情：一块小石子能产生二氧化碳气体。"

强酸与弱酸

◆ 粉笔与白垩粉

"白垩粉、大理石和一切石灰石都含有二氧化碳的成分。碳酸是一种弱酸，它的酸性很弱，遇见其他强酸，总是赶忙让出自己的地盘。所以，如果我们在这些小石子（即碳酸钙）上滴一些强酸，其中的二氧化碳就会被新来的强者驱逐出去。同时，新来的强者就会占据二氧化碳的地盘和熟石灰化合成一种新的盐。例如，硫酸能将碳酸盐变为硫酸盐，磷酸能将碳酸盐变为磷酸盐。在上述两种情况里，都有二氧化碳生成，而在石子表面相应地生成许多气泡。

"这些反应很有趣吧？让我们来实验一下刚刚用人工方法制成的白垩粉吧。在杯子底下的白垩粉还没有完全干燥，但是这与实验是否成功并没有什么关系。我滴一滴硫酸在白垩粉糊上，立刻就可以看见这些混合物好像沸腾了似的产生了许多泡沫，这些泡沫由大量被硫酸驱逐出的二氧化碳小气泡聚集而成。现在让我们再来用一些天然的白垩粉做实验。例如，用来在黑板上写字的粉笔。我取一根粉笔，用一根细玻璃棒蘸一点儿硫酸滴在粉笔上。在硫酸和粉笔接触的地方也产生了泡沫，这是二氧化碳被硫酸驱逐出去的证明（图15）。

"你们早就听我介绍过，这种粉笔的性质和白垩粉相同，而刚刚的实验更是强有力的证据。这两种物质遇到了强酸，都会产生泡沫并放出相同的气体，若是分别进行大规模的实验，将所有气泡中的气体

图15

收集起来检验，这个事实也是很容易被证明的。总之，它们不仅仅在外观上相同，内部构造也是相同的。换句话说，这两种物质是同一种物质。"

◆ 强酸鉴别石灰石

"石灰石和前两者也是同一种物质，但是我们怎样分辨某种石子是不是石灰石呢？这是一个急需解答的问题，因为我们正要寻找这种石子来制取大量的二氧化碳，以供给以后的实验。化学告诉我们，强酸是最可靠的石灰石鉴别家，只要一小滴强酸就可以解决这个问题。

"这块硬石子是从河边捡到的，我将一些硫酸滴在它上面，未发生任何反应，也未产生任何泡沫，可见这块硬石子不含二氧化碳，不是碳酸盐，所以它不能用来制取我们所需的气体。这里还有一块很硬的石子，我采用相同的方法来检验它。当硫酸滴落在这块石子上时，就立刻产生了泡沫。由此可见，这块石子是含有二氧化碳的，所以它是碳酸石灰，也就是石灰石。不熟悉石子的人是无法凭借石子的外观分辨哪些是石灰石、哪些不是石灰石的，这时可以使用我刚刚所介绍的方法。（图16）"

爱弥儿说："这个方法非常简捷，只要遇强酸能产生泡沫就是石灰石，不能产生泡沫就不是石灰石。只要产生泡沫就表示石子中含有二氧化碳，不产生泡沫就表示石子中不含二氧化碳。"

大理石　　　　　　　　　石灰石

图16

第五章

氯

分离食盐

"我们已经多次提到食盐了，我曾经告诉过你们，食盐的主要成分是由一种叫钠的金属元素和一种叫氯的非金属元素化合而成的，按照化学语法，纯净的食盐应叫氯化钠。"

爱弥儿已经听说过金属钠这种元素，他好奇地问："你是不是想给我们看看钠，让我们了解它的性状？"

"不，孩子。虽然钠在药房中有卖，可它的价钱很贵，我们这间简陋的实验室是买不起的，所以我们只能叙述它的性状。请试想这样一种物质：光泽如铅的新切面；硬度极低，能被手指压扁，它可以像蜡一样被塑成各种形状；将一块钠放入水中，它会浮在水面；易燃，燃烧时像火球一样在水面上不住旋转。草木灰中的金属钾的性质与钠相似，而且更加强烈。现在我们来解释一下为什么这两种元素遇到水会燃烧。

"水是由什么元素组成的？氧元素和氢元

素。我们知道热铁能分解水，因为它可以夺取水中的氧而将氢释放出来。钠和钾以及其他几种金属物质，尤其是组成石灰的金属钙，也与铁一样，能分解水并夺取其中的氧，同时将氢释放出来。它们与水所发生的反应比铁还要强烈，而且不用加热。

"金属和氧化合时会释放出高热，引发水中释放出的氢气燃烧，这就是浮在水面上的钠球会像火球般旋转的原因。等火焰熄灭后，钠已经完全和氧气化合为氧化钠，溶于水，不会留下任何痕迹。但溶解氧化钠的水却有碱水一般的气味，而且它还会使红石蕊试纸变为蓝色。"

◆ 收集氯气

"虽然我不能将食盐中的钠分解出来给你们看一看，但我至少可以给你们看一看组成食盐的另一种元素——氯元素，它是比钠更重要的一种元素。想要从食盐中制取氯，可以向食盐和二氧化锰的混合物中倒入硫酸，然后慢慢加热即可。

"这个操作所需要的装置和制取氧气的装置是一样的。在烧瓶里，放入等质量的食盐和二氧化锰，再倒入一些硫酸，将它们搅拌均匀，然后用带有弯曲玻璃管的软木塞塞好瓶口，将烧瓶放在炭火上慢慢加热，不久就会有氯气从混合物中产生。

"氯气是一种比空气更重的气体，所以我们可以使用收集二氧化碳的方法来收集。也就是说，我们可以将烧瓶口的弯曲玻璃管直接通入广口集气瓶的底部，无须在水下进行收集。

　　"我们的化学课从开始到现在，讲的都是一些无色透明的气体，例如，空气、氢气、氧气、氮气、二氧化碳等，它们都是我们用眼睛看不见的。如果你们因此就认为所有气体都是这样的，那就大错特错了。现在我们所讲的氯气就是一种可见的、黄绿色的气体，所以它的俗名也叫绿气。

　　"氯气有淡淡的颜色，并且它比空气重，所以我们能看见它从集气瓶底部挤开空气，在那里慢慢聚积。看这里！在集气瓶底部的那些黄绿色气体就是我们所说的氯气，在氯气上面的无色透明气体就是空气。让我们再等几分钟，这些黄绿色的气体就会升至瓶口，这样的话集气瓶里就充满氯气了。"

◆ 爱弥儿吸入氯气

　　黄绿色气体充满集气瓶后，保罗叔叔就将一片玻璃盖在瓶口上，但在瓶口未盖住前，已经有少量气体散逸在空气中，这也许是保罗叔叔特意想要让他的侄子们知道氯气是不适于呼吸的吧！这次实验后，爱弥儿的脑海里就留存了一个永不磨灭的关于氯气的印象，因为他距离集气瓶十分近，当时他的鼻子立刻闻到了一股让人难受的气味，并且咳嗽得停不下来。于是，我们的小爱弥儿不断拍着胸口，但咳嗽依旧止不住。

保罗叔叔道："不要害怕，孩子，你的咳嗽一会儿就会停下来了。这是因为你闻到了一些氯气，你闻到的氯气分量并不多，而且其中还混杂了大量的空气，喝一杯水吧，可以帮助你清洁一下咽喉。"

爱弥儿喝了一杯水后，咳嗽果然止住了，但经过这次教训，他不敢再贸然靠近盛有氯气的瓶子了。

保罗叔叔说："现在你的咳嗽已经止住了。其实吸入少量稀薄的氯气，并不会造成什么严重危害，而且对于吸入过含有腐败物质的污浊空气的人而言，还是很有益处的，但如果将大量纯净的氯气吸入肺内是十分危险的，呼吸几次后就会致命。"

爱弥儿道："那一定是真的，我只吸入一次就已经不停地咳嗽了。不过食盐竟然是用这种难闻的氯气和这种足以烧焦我们嘴的钠化合而成的，不得不算是一件神奇的事情！幸亏这两种可怕的物质在化合后改变了性质，否则我是绝不敢再用盐调味的。"

保罗叔叔接着说："而且幸亏氯和钠在分离后，依旧能恢复它们原有的猛烈性质，因为在某些工业生产中，氯气是一种很重要的原料，氯气的主要功用是漂白。在这个集气瓶里，我倒入了一些蓝黑墨水，然后震荡瓶子，使氯气和蓝黑墨水充分接触，不久就可以看见深蓝色的墨水渐渐变为了灰黄色，看上去像是混浊的水。这是因为氯气已经将墨水的深蓝色破坏了。"

◆ 消失的墨字

"还有一个实验一定会使你们觉得更有趣。这张纸是从一个旧本子上撕下来的，上面用普通蓝黑墨水写了很多字，我用水打湿这张纸——这张纸必须打湿才行，理由我们以后会讲——并放在第二个集气瓶里，不久就可以看见这张纸上的字迹渐渐褪去，最终变得没有颜色。我将那张纸从瓶中取出来，请你们仔细检查一下，看看能不能将原来的字迹认出来？"

孩子们接过纸张仔细检查，看不出任何字迹，就像是没有用过的白纸一样，只能看见几处钢笔的划痕，也仅仅是能依稀辨认而已。

约尔说："纸上所写的文字已经完全消失了，那张纸就像是新的一样。上次提到过二氧化硫能将蓝花漂白，它也能漂白蓝黑墨水吗？"

"并不能，二氧化硫是一种很弱的漂白剂，它没有这样的能力。氯气的漂白能力比二氧化硫强得多，因此它在工业上有着非常重要的用途，不过有几种原料是氯气无法漂白的，下面我们可以通过实验证明。我从一张废报纸上撕下一页，再用蓝黑墨水在纸上写几个字，等字迹变干后，将这张纸也打湿，放在盛有氯气的集气瓶里。你们可以看见我写的字像魔术般地消失了，但同时那张纸上印刷的字却还是深黑色的，而且因为纸张其余的部分都已经被漂白了，所以这些印刷字显得更清楚了，简直像是新印刷的一样。"

约尔问道："氯气能漂白手写字而不能漂白印刷字，这是为什么呢？"

"这是因为制造墨水的原料不同。印刷所用油墨的原料是油烟（或称烟墨）和蓖麻子油，油烟是油类，燃烧时所产生的烟炱是碳的一种变形，极难被氧化（即和氧气化合）。氯气之所以有漂白效果，是因为它可以夺取水中的氢，使放出的氧与颜料化合为一种无色化合物——这就是必须将需漂白的物品先打湿的原因。而因为油烟极难氧化，所以不与氧发生反应，依旧是油烟，因此会保持黑色不变。钢笔所用的墨水却与油烟不同，它有好几种成分，通常是用硫酸亚铁和**没食子酸**制成，没食子酸能被氧化，变为无色化合物，所以它的颜色会立即消失。"

氯气的漂白作用

　　"造纸业和纺织业都会使用氯气作为漂白剂。我们能在洁白的纸张上书写，能穿着洁白的布匹所制成的衣服都是氯气的功劳，但想要制取氯气必须以食盐为原料，以硫酸为工具。这个事实更可证明，硫酸在工业上的重要性。

　　"苎麻和亚麻等都略带红色，要除去这种颜色必须经过多次洗涤，所以粗制的麻布会愈用愈白。以前人们大都利用阳光来漂白麻布，即将麻布平铺在草坪上，白天受阳光照射，夜晚受雨露浸润，一两个礼拜后麻布就会渐渐褪色。"

工业漂白法

"不过这种漂白方法非常缓慢，既需要大量的时间，又需要宽阔的场地，所花的代价太大了。所以近代工业漂白棉麻等织物时，会使用比阳光、雨露等更有效的漂白剂，这种漂白剂便是氯气。氯气对于蓝黑墨水等的漂白效果非常快速，这一点你们之前已经见过了。这种气体既然能很快漂白像蓝黑墨水那样的深蓝黑色，那么漂白像棉麻织物那样的浅红色当然更是十分轻松了。"

约尔说道："是不是毛织品和丝织品也可以使用氯气来漂白？这比使用二氧化硫漂白要快多了。"

保罗叔叔说："这可能无法实现。因为氯气的漂白作用过于猛烈，会将毛织品、丝织品漂烂。"

"为什么棉织品和麻织品不会被氯气漂烂呢？"

"因为它们对于氯气的漂白有着不同的抵抗力。试想棉、麻等织品坚固牢实，要比毛、丝等织品耐用得多，它可以经历多次肥皂水的洗涤、摩擦、锤击、日晒、风吹、雨打等而不会破损。制成棉、麻等织品的原料是一种植物性纤维化合物，制成毛、丝等织品的原料是一种动物性纤维化合物，两者的化学性质完全不同。氯气只能漂白植物性纤维所附着的颜色。对于动物性纤维，它不但无法漂白，还具有破坏作用。

　　"许多工厂都会利用氯气来做漂白剂，而为了使用便捷，他们都将氯藏在石灰里，因为石灰能吸收大量的氯。这样制成一种白色粉末状化合物，与石灰一样。它具有一种强烈刺激性臭气，叫作氯化石灰，化学上称为次氯酸钙 $[Ca(ClO)_2]$，工业上是漂白粉的主要成分。它就像是一间储藏氯的'栈房'。"

造纸术的演变和造纸方法

◆ 古代的造纸法

　　"现在，我想向你们介绍氯气在造纸业的用途。我们在写字时，肯定不会想到我们所用的白纸是怎样制成的。在几千年前，巴比伦和尼尼微的亚述人用尖笔在未干的土版上写字，然后放在窑中烘干，使文字变得不易磨灭。那时，如果有人想送信给他的朋友，就不得不写一块笨重的土版送去。"

　　爱弥儿说："现在一位邮递员一次要投送几十封信，要是所有的信都那样笨重的话，邮递员肯定会被信件压得连路都走不动。"

　　保罗叔叔接着说道："如果他们要写一部书留给后人阅读（比如关于当时重要事件变迁的历史），那么这部书就可以将整个图书馆的书架都塞满。一块土版代表书中的一面。如果使用土版写那些现在印刷的书籍，所需要的土版简直可以塞满一间屋子。由此可知，在远古时代，因为书籍的笨重，就是在极大的图书馆里也收藏不了太多的书。这种土版书有极少的残片流传了下来，有人在尼尼微和巴比伦的遗址中挖掘到它们，残片上的文字意义也已经被人们破译出来了。

　　"此后，在东方的同一区域，又发明了一种书写的方法，削尖一根苇秆当笔，调匀烟炱和醋当墨水，用在阳光下晒白的羊骨当纸。一部书或一篇文章由许许多多的羊骨用绳子串起来。

　　"在古代欧洲，特别是希腊和罗马等文化极为发达的地区，那里的人们常用涂着薄层蜡的木版和一端尖锐、一端扁平的刻笔作为书写工具。刻笔的尖端是用来在蜡上刻字的，扁平端是用来擦去写错的字或刮平新熔蜡面的。

　　"在古代，埃及人发明的草纸是最接近于近代纸的。当时尼罗河两岸盛产一种苇草，英文名为papyrus，苇草秆外有一层白色的薄皮，可以将其一条条剥下来，将这种长条草皮在河水中浸透，然后一条条排列起来，再在这上面横着排列相同的一层草皮，压平后用槌子锤打结实，就成功制成了一张可以用来写字的草纸（图17）。当时所用的笔也是削尖的苇秆，墨水是用烟炱制成的液体。纸的英文paper就是从papyrus转化而来的。

图17　埃及人发明的草纸。

"草纸并不会切为小小的四方形，像近代所使用的纸张的样子，而是按照文字的多少来确定草纸的长短。所以一本草纸书，是一张长条纸，为了携带便利，常常将其卷在一根木轴上。我们现在阅读一本书，是一页一页翻开看的，而且每一页的两面都写字。古人读书却和我们不同：他们将卷轴纸慢慢展开来看，而且每个卷轴都只写一面。"

◆ 现代的造纸法

"中国人发明了真正的纸。9世纪时，阿拉伯人从中国引入了造纸的方法，但是欧洲人知道如何造纸已经是13世纪了。约在1340年，法国建立了第一个造纸工厂。现在，你们所见到的洁白的纸都是使用木、竹、棉、麻或破布制成的。现代的造纸方法如下。

先切细原料，然后加入适当药品，一同煮沸，溶去其中的无用物质，再用水洗涤，放入装有回旋刀片的槽中，刀片会将各种物品切碎，得到灰色浆状物质，叫纸浆（图18）。

图18

图19

而在用纸浆造纸前，必须先将纸浆漂白，此时所用的漂白剂就是我们之前所说的含有大量氯的漂白粉。

然而，要想制成适于书写和印刷的纸张，就必须使纸张质地不易渗透。要达到这个目的，可以在纸浆中加入树胶和淀粉等物质，那样制成的纸就会变得质地密致、不易渗透，这个操作叫上胶。纸浆经过漂白和上胶后，就可以进行最后一步操作（图19）。

将纸浆悬浮在水中，使其沥过一层细金属网，纸浆中较粗的颗粒就会留在网上，较细的颗粒则通过网眼（图20）。

图20

另一个更细的金属网不断在滚轴上转动，接受第一个粗金属网上卷过来的纸浆，并滤去水分，将其变为一层纸质薄膜。这薄膜就是未经干燥的纸，它被转动的细金属网送到一块宽毛巾上，毛巾会吸收纸上一部分剩余水分，然后又把它送到几个相连的圆筒上，这种圆筒的中央是空的，可以使用水蒸气进行加热，使筒外的纸质逐渐干燥、结实。

已干燥的纸再经过另一种圆筒，将纸面加压磨光，这样一条宽的纸就制好了，它的长度可以无限长。从槽中的纸浆到制成长长的纸，只需几分钟时间而已（图21）。

图21

"这一系列操作完成后，将卷在最后的圆筒上的长条纸切成适当大小，便可以用作各种用途了。

"今后，你们在读书或写字时都应记住：正是因为从食盐中制取的氯气的作用，纸张才变成白色的。"

术语表

❶ **化合反应**：由两种或两种以上的物质反应生成另一种物质的反应。

❷ **化合物**：由两种或两种以上不同元素组成的纯净物。

❸ **纯净物**：由一种单质或一种化合物组成的物质。

❹ **混合物**：由两种或两种以上纯净物组成，各物质都保持原来的性质。

❺ **单质**：由同种元素组成的纯净物。

❻ **硫黄**：也叫硫，单质硫是黄色的。在自然界中以自然硫、硫化物、硫酸盐等形式存在。硫可以用来制造火药、焰火、杀虫剂、硫酸等。

❼ **石蕊试纸**：检验溶液的酸碱性的一种试纸，分为红石蕊试纸和蓝石蕊试纸两种。碱性溶液使红色试纸变蓝，酸性溶液使蓝色试纸变红。

❽ **酸酐**：一个或两个分子的无机酸去掉一分子水而成的氧化物，也指一个或两个分子的有机酸去掉一分子水而成的化合物。

❾ **氢气**：一种无色、无臭、无味的气体。化学性质较活泼，能燃烧，与空气、氧气、氯气等混合后会发生燃烧或爆炸。

❿ **生石灰**：也叫烧石灰，主要成分是氧化钙。一般以碳酸钙为主要成分的天然岩石如石灰岩、白垩粉、白云质石灰岩都可以用来生产石灰。

⓫ 熟石灰：也叫氢氧化钙，是一种白色粉末状固体。熟石灰和水混合后，会得到呈上下两层的液体，上层的水溶液称作澄清石灰水，下层悬浊液称作石灰乳或石灰浆。

⓬ 没食子酸：也叫作五倍子酸、棓酸，学名为3,4,5-三羟基苯甲酸，分子式是$C_7H_6O_5$。没食子酸在植物中广泛存在，是一种多酚类化合物，在食品、生物、医药、化工等领域有广泛的应用。

图书在版编目（CIP）数据

趣味化学：少儿彩绘版．揭秘化学实验 ／（法）让-
亨利·卡西米尔·法布尔著；刘畅译．—— 北京 ：中国
妇女出版社，2021.1
ISBN 978-7-5127-1905-7

Ⅰ.①趣⋯ Ⅱ.①让⋯②刘⋯ Ⅲ.①化学－少儿读
物 Ⅳ.①O6-49

中国版本图书馆CIP数据核字（2020）第183142号

趣味化学（少儿彩绘版）——揭秘化学实验

作 者：〔法〕让-亨利·卡西米尔·法布尔 著 刘 畅 译
责任编辑：应 莹 张 于
封面设计：尚世视觉
插图绘制：黄如驹（乌鸦）
责任印制：王卫东
出版发行：中国妇女出版社
地 址：北京市东城区史家胡同甲24号 邮政编码：100010
电 话：（010）65133160（发行部） 65133161（邮购）
网 址：www.womenbooks.cn
法律顾问：北京市道可特律师事务所
经 销：各地新华书店
印 刷：天津翔远印刷有限公司
开 本：170×240 1/16
印 张：13.75
字 数：165千字
版 次：2021年1月第1版
印 次：2021年1月第1次
书 号：ISBN 978-7-5127-1905-7
定 价：118.00元（全二册）

版权所有·侵权必究 （如有印装错误，请与发行部联系）